爆笑昆虫记·笑不停的博物小百科

爆笑昆虫记

[加拿大] 埃莉斯·格拉韦尔 著绘

时征 译

中信出版集团 | 北京

图书在版编目（CIP）数据

爆笑昆虫记 /（加）埃莉斯·格拉韦尔著绘；时征
译 . -- 北京：中信出版社，2023.1（2025.4重印）.
（爆笑昆虫记·笑不停的博物小百科）
ISBN 978-7-5217-4979-3

Ⅰ. ①爆… Ⅱ. ①埃… ②时… Ⅲ. ①昆虫－少儿读
物 Ⅳ. ① Q96-49

中国版本图书馆 CIP 数据核字 (2022) 第 214798 号

爆笑昆虫记
（爆笑昆虫记·笑不停的博物小百科）

著 绘 者：[加拿大] 埃莉斯·格拉韦尔
译 者：时征
出版发行：中信出版集团股份有限公司
（北京市朝阳区东三环北路 27 号嘉铭中心 邮编 100020）
承 印 者：北京瑞禾彩色印刷有限公司

开 本：787mm×1092mm 1/16 印 张：7.25 字 数：100 千字
版 次：2023 年 1 月第 1 版 印 次：2025 年 4 月第 6 次印刷
京权图字：01-2022-2745
书 号：ISBN 978-7-5217-4979-3
定 价：56.00元（全2册）

出 品：中信儿童书店
图书策划：好奇岛
策划编辑：鲍芳 潘婧 责任编辑：陈晓丹 营销编辑：张琛 孙雨露
审 校：严莹 装帧设计：李然 内文排版：王莹

虫虫家族

一直以来，各种各样的小虫子总会深深地吸引我的注意。

小时候，我最喜欢的一项活动就是观察这些小家伙。
我到处寻找它们的踪影。
对它们来说，我肯定特别烦人。
对不起啦，小家伙们！

这些小家伙不仅可爱、迷人，对我们地球的健康也

在这本书中，我们谈到的小虫子都属于
同一个大家庭——

无脊椎动物。

下面我来介绍一下这个家庭里的一些成员，
它们是：

当我们谈论  的时候，
通常指的是一些差不多长成下面这个样子的
无脊椎动物。

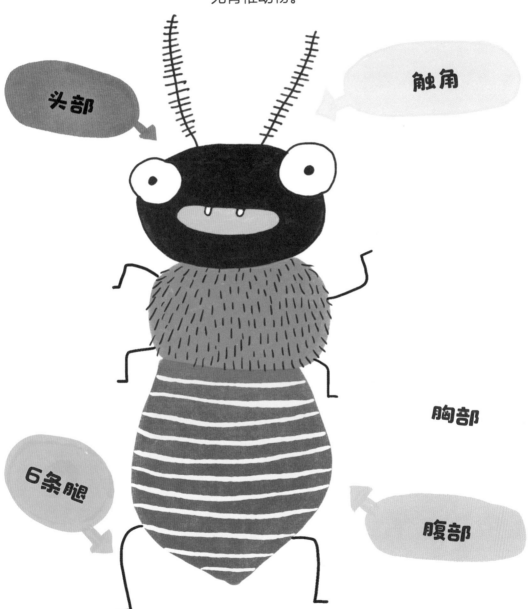

（请注意：我画的昆虫并不是按照写实的风格进行创作的哟。）

专门研究昆虫的科学家被称为

昆虫学家。

小时候，我希望自己将来能成为他们中的一员。
可后来，我成了一名艺术家，
不过我对这些小家伙的爱却始终没有改变。

快到这里来，
让我好好看看你！

和很多成年人不同，

让我来告诉你，
我为什么会觉得它们如此有趣吧。

这些小虫子看上去都很奇怪。

首先，我对大多数长得奇奇怪怪的生物都很感兴趣。

我在下一页画了一个苍蝇的脑袋，你可以看一看。

现在请想象一下，如果你遇到了一只跟人类差不多大小的苍蝇，

是不是肯定会觉得自己遇到了一个外星人？

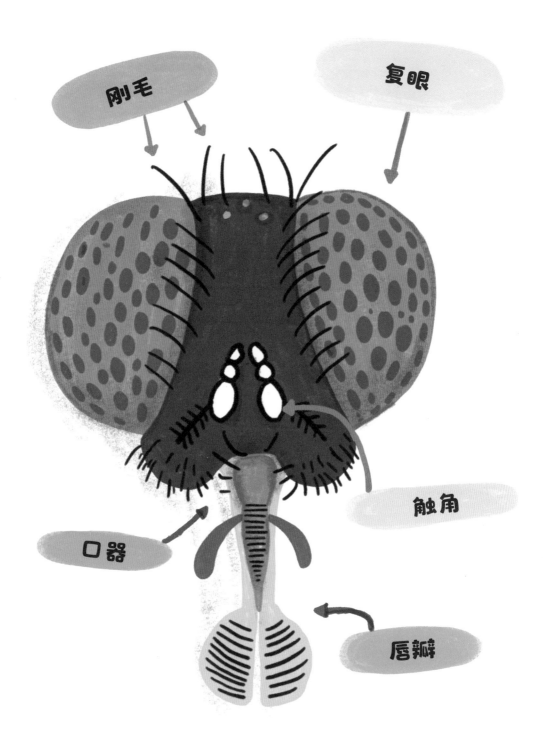

各种各样的 触角

我画过好多种不同昆虫的触角和翅膀，
不过仅仅是因为好玩。看，它们很漂亮，对吧？

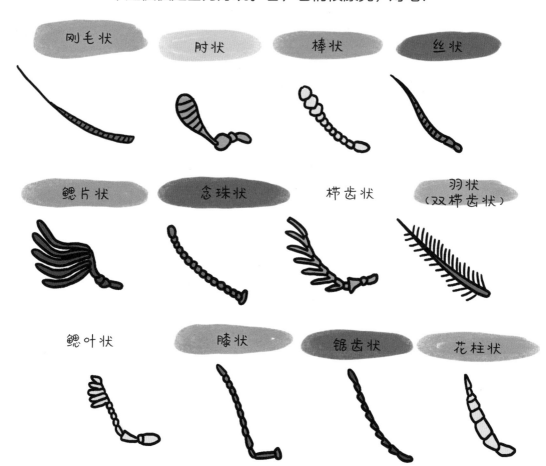

形态各异的翅膀

昆虫的一生

昆虫都是由卵发育而来的。

然后，它们会变成幼虫（也就是昆虫宝宝），

再接下来有些种类的昆虫会变成蛹（或茧，这就像是青少年期的昆虫），

最后才会变成一只成年的昆虫。

下面这幅图，画的是一只蝴蝶的一生。

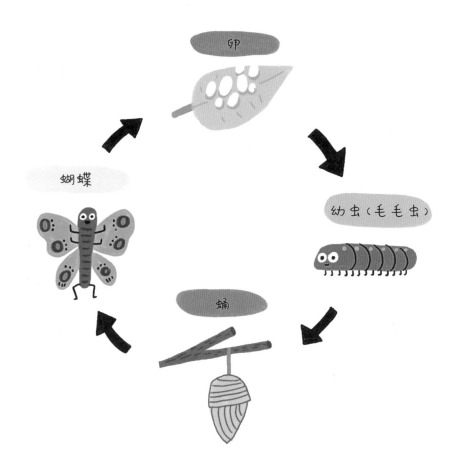

大多数昆虫宝宝和它们的妈妈长得一点儿都不像。

胡蜂宝宝

蚂蚁宝宝

蜻蜓宝宝

黑脉金斑蝶宝宝

瓢虫宝宝

跳蚤宝宝

科学家们表示，
地球上的昆虫大约有

一千万亿亿亿只。

写成阿拉伯数字，那就是
10 000 000 000 000 000 000 000 000 000 000只。

如果将地球上所有人的总重量和所有昆虫的总重量
相比较，昆虫的总重量是人类总重量的70倍以上。

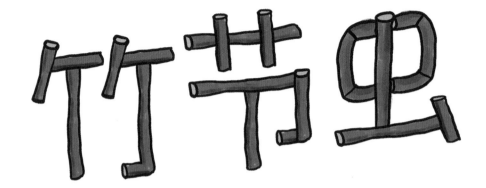

这是我最喜欢的昆虫之一。

它们也被称为"魔鬼的手杖"。

这种昆虫看上去很像一截树枝。

在面对那些想把它们当作食物的动物时，

这是一种很好的伪装，

可以保护自己不被吃掉。

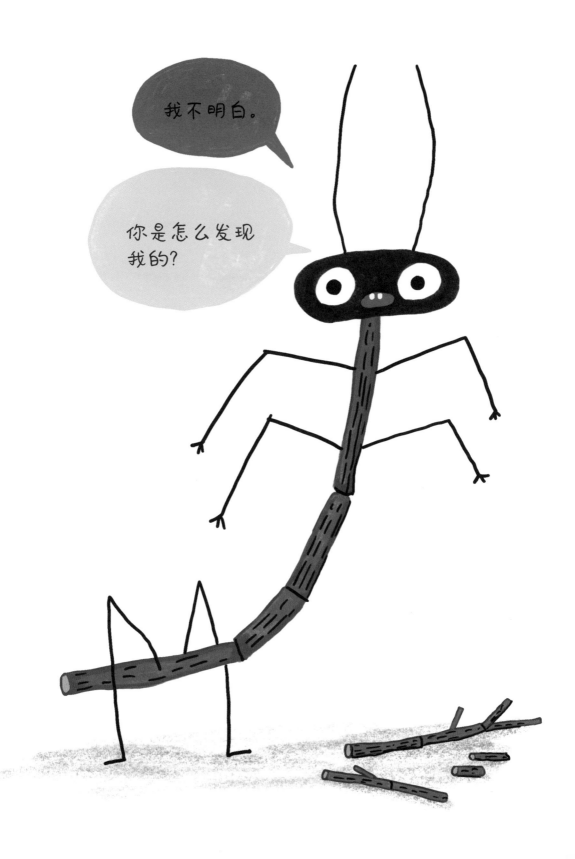

普通卷甲虫

这种小家伙真了不起。它其实并不算是一种昆虫，
跟甲虫相比，它与虾的血缘关系更近。
所以，它是一种甲壳类动物。

如果你看到一只普通卷甲虫，只要轻轻地摸它一下，
它就会在你的眼皮底下变成一颗弹珠！
这是它在感受到威胁时做出的自我保护措施。

关于普通卷甲虫，还有一些有趣的知识你应该了解：
它们不会撒尿，
而且能取食土壤里的重金属元素，
甚至以自己的粪便为食。

瞧啊，杰雷米，那不过是一只小小的蜘蛛而已！

我之所以要把这种小虫子画出来，
是因为它看上去有点儿吓人！它的尾巴看起来像蝎子尾巴。
蝎蛉虽然看起来令人害怕，
但实际上并不会伤害我们，因为蝎蛉并不蜇人。

告诉你一件有趣的事：
如果雄性蝎蛉想给雌性蝎蛉留下好印象，
往往会送给它一只死昆虫或一颗唾液球。
这种吸引对方注意的方式可真是太迷人啦！

我的内心很善良哟。

蝽俗称"臭大姐"，它们的身体像一面盾牌。
不过，你能猜到"臭大姐"的名字是怎么来的吗？
没错，因为它总是臭烘烘的！

当感到害怕的时候，
它就会释放出一种恶心的气味赶跑敌人。
有些人说，蝽闻起来就像是臭脚丫或香菜的味道。呃！

这种长相奇怪的昆虫可是一位伪装高手：

它躲在植物中很难被发现。

薄翅螳螂是一个可怕的猎手，

它只吃那些活的昆虫，有时甚至还会吃小鸟。

薄翅螳螂是一种头部可以转动的昆虫。

有一天，我亲眼看到了这样的场景：

它竟然转过头来看向我。

我承认，我当时吓得尖叫着逃开了。

好在薄翅螳螂的个头没有人类那么大，这真是太走运了！

我还很喜欢画那些躲藏在地底下的小家伙。
看哪，这里就有好多种生活在地下和岩石下的小虫子。
它们看起来都挺有意思的，不是吗？

缓步动物也被称为水熊虫，
在所有微型动物中，它也算是我最喜欢的动物了。
我从来没有亲眼见过它们。
当然，你也不可能看到它们，因为缓步动物非常非常小。

我喜欢缓步动物，因为它们具有超强的生存能力，
可以在我们人类无法生存的环境中活下来！
科学家们发现，即使在结冰或沸腾的温度下，
甚至是在太空中，它们都能生存。
它们可以在没有水的情况下存活十年，
在被冻住的情况下存活三十年。
缓步动物几乎不可能从这个星球上消失！

我会一直陪在你身边的。

捕鸟蛛

捕鸟蛛是一种体形很大的多毛蜘蛛。晚上睡觉时，
大多数人都不希望在自己的床上发现它的身影。

但有一种生活在南美洲的捕鸟蛛，
我却觉得它十分亲切和善。
为什么呢？因为它竟然喜欢养宠物！
事实上，它只会养一种宠物，
那是一种蛙。这种捕鸟蛛会保护蛙，
因为蛙会吃掉所有可能对捕鸟蛛的卵进行破坏的昆虫，
它们之间因此形成了一种互帮互助的关系。

我觉得这是一个可爱的组合，你同意吗？

它叫贝尔纳。别害怕，它不咬人的。

长颈鹿
卷叶象

我必须要把这种小昆虫画出来让你认识认识。
说真的，你见过比它长得更有意思的小虫子吗？
它被称为"长颈鹿卷叶象"，
因为——你猜对了——它的脖子很长。

雄性长颈鹿卷叶象的脖子更长，
它们用长脖子来相互争斗，
努力将对手推下树枝。

雌性长颈鹿卷叶象会将卵产在一片叶子上，
然后再轻轻将叶子折叠成一个小袋子，
这样幼虫孵化后就能够更加安全地成长了。

甲虫

我简直太爱这些甲虫了，它们是所有昆虫中最漂亮的。

在我看来，它们甚至比蝴蝶还要优雅美丽。

当然，这是我个人的看法，而我的品位有时候确实有些奇怪。

甲虫的种类很多很多，有些看起来就像珠宝一样迷人。

看看下面这些甲虫，你最喜欢哪一只？

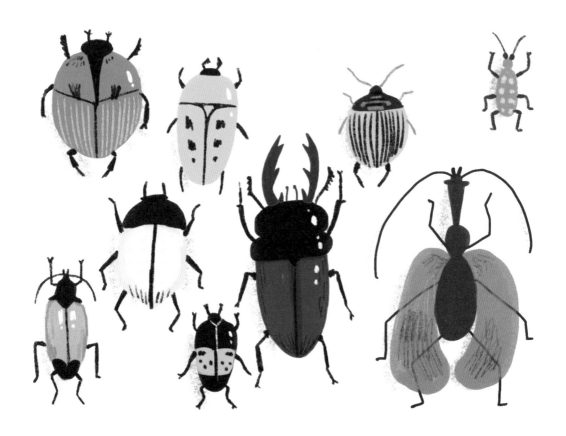

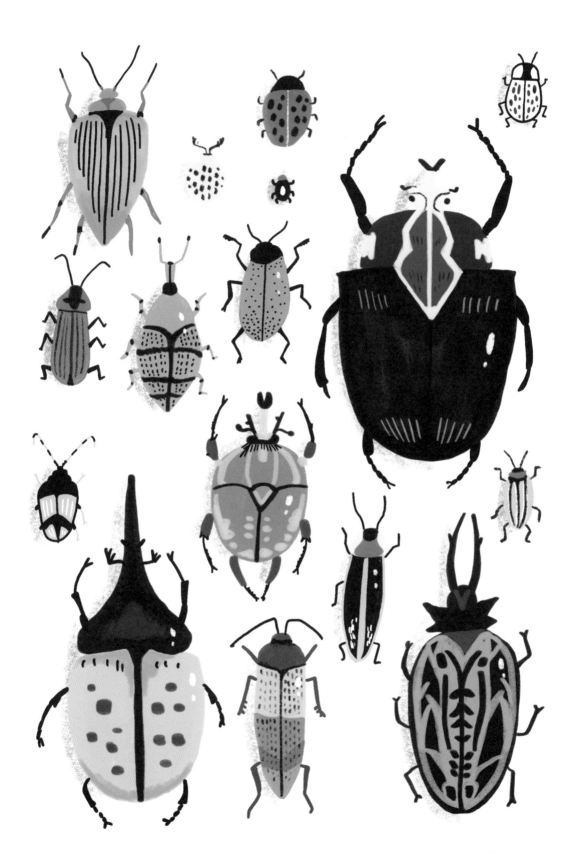

蜣螂

这是一种很有趣的甲虫。它靠吃粪便为生。
你看我画的这只小家伙，
它会把收集起来的粪便滚成一个大球，
然后把它推到合适的地方埋起来，
留着以后当点心吃，
或是让雌虫在里边产卵用。

动物的粪便

蜣螂看上去很小。
不过，别看它的个头小小的，
它可是地球上力气最大的昆虫呢！
它可以推动比自身重量重1000倍的粪球。

如果拥有跟蜣螂一样大的力气，
你就能够一下子拉动六辆双层巴士！

长戟大兜虫

这种漂亮的大块头算是甲虫中体形最大的种类之一了，
体长可以达到15～18厘米！它生活在热带森林中，
通常会躲藏在腐烂的树干里，以枯死的植物、叶子和水果为食。
它的额头上长着巨大的角，可以用来与其他雄性甲虫一决高下。

一直以来，很多人认为长戟大兜虫是地球上力气最大的昆虫，
但我猜你现在已经知道真正的纪录保持者是谁了，对吧？

曾经有个孩子问我蜗牛的壳里是什么样子的，
我觉得这真是一个好问题。于是我特意做了些研究。
看，这就是

蜗牛壳的内部：

有趣的小知识

接下来，我会告诉你一些很有趣的小知识，
它们都是我在准备写这本书查资料时发现的：

一只瓢虫一生可以吃掉
5000只昆虫。

最早被送到太空的昆虫是果蝇，不管
你相不相信，它们最终活着回来了！

普通卷甲虫出现在地球上的时间比恐龙还要早。

毛虫有12只眼睛。

蚊子更喜欢臭脚丫的味道。

蜜蜂有着毛茸茸的眼睛。

其他

有趣的小知识

蝴蝶用脚尝味道。

蝗虫的"耳朵"
长在肚子上。

地球上到处都能找到昆虫的身影，甚至南极洲也不例外，但海洋里却很少。

蜗牛一觉可以睡上三年！

蚯蚓最多有十颗心脏！（它们跟人类的心脏不一样，但蚯蚓确实靠它们为血液提供动力。）

蟑螂没有脑袋也可以存活一个星期。

有些昆虫喜欢在夜间活动。如果你想认识它们，可以等天黑之后在室外点亮一盏灯，然后等上半个小时，这样你就有机会认识好几个新朋友了！我曾经用这种方法见过一只和我的手掌一样大的飞蛾。

跟你分享一件我小时候最喜欢做的事情吧。
那时，我会把四根小木棍插在草地上，围成一个
正方形，然后试着数出在这个正方形里能找到
多少只虫子。数完之后，移动小木棍，再围成
一个新的正方形，再接着玩数虫子的游戏！

想象出来的昆虫

我特别特别喜欢昆虫，我甚至还创造出一些并不存在的昆虫样子！或许，在某个地方真的能找到它们的身影，谁知道呢？

你也会创造一些属于你自己的昆虫吗？

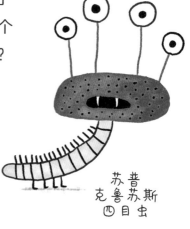

苏普
克鲁苏斯
四目虫

红斑
古克虫

巴普纳斯虫

鲍氏跳虫

鳞甲角蝇

苏布里米图斯
红翅虫

多毛
纱翅虫

巴纳诺莫夫
螳螂

克罗图
鹿角虫

牛头甲

独角红跳甲

如果我说，昆虫是生活在地球上的外星物种，
你同意吗？我总觉得它们来自

其他星球。

希望有一天我可以去拜访它们的星球！

爆笑昆虫记·笑不停的博物小百科

爆笑蘑菇记

[加拿大] 埃莉斯·格拉韦尔 著绘

张嫒嫒 译

中信出版集团 | 北京

图书在版编目（CIP）数据

爆笑蘑菇记／（加）埃莉斯·格拉韦尔著绘；张媛
媛译 . -- 北京：中信出版社，2023.1（2025.4重印）.
（爆笑昆虫记·笑不停的博物小百科）
ISBN 978-7-5217-4979-3

Ⅰ. ①爆… Ⅱ . ①埃… ②张… Ⅲ . ①蘑菇－少儿读
物 Ⅳ . ① S646.1-49

中国版本图书馆 CIP 数据核字 (2022) 第 214797 号

Le fan club des champignons
© 2018 by Élise Gravel et les Éditions Les 400 coups
Montréal(Québec) Canada
Through Livre Chine Agency
Simplified Chinese translation copyright © 2023 by CITIC Press Corporation
ALL RIGHT RESERVED
本书仅限中国大陆地区发行销售。

爆笑蘑菇记
（爆笑昆虫记·笑不停的博物小百科）

著 绘 者：［加拿大］埃莉斯·格拉韦尔
译　 者：张媛媛
出版发行：中信出版集团股份有限公司
　　　　　（北京市朝阳区东三环北路 27 号嘉铭中心　邮编　100020）
承 印 者：北京瑞禾彩色印刷有限公司

开　本：787mm×1092mm　1/16　　印　张：7.25　　字　数：100 千字
版　次：2023 年 1 月第 1 版　　　印　次：2025 年 4 月第 6 次印刷
京权图字：01-2022-2745
书　号：ISBN 978-7-5217-4979-3
定　价：56.00元（全2册）

出　品：中信儿童书店
图书策划：好奇岛
策划编辑：鲍芳 潘婧　　　　责任编辑：陈晓丹　　　　营销编辑：张琛 孙雨露
审　校：朱力扬　　　　　　装帧设计：李然　　　　　　内文排版：王莹

你知道我最喜欢做什么吗？
我最喜欢在大森林里散步，
跟我的孩子们一起寻找有趣的蘑菇。
这就像一场绝妙的寻宝游戏，
大自然亲手为我们设计了谜题。

我喜欢稀奇古怪的小东西，
蘑菇是这个奇奇怪怪的世界里尤其古怪的一种！

它们就像从外太空来地球做客的小外星人。

蘑菇不是植物，也不是动物。
它们有一个属于自己的小小王国：真菌王国。

我画了一张蘑菇的画，喏，就是右边这张。
很多蘑菇都长这样，但也不完全一样。
它们有着千奇百怪的形状，
大大小小的个头儿，可爱的颜色！

蘑菇的气味闻起来也千差万别。
有些蘑菇臭气熏天，
有些却散发出迷人的香水味。

有几株蘑菇，就长在我的小屋旁边，
它们闻起来就像甜甜的枫糖浆！

蘑菇结构图

如果你想知道一个蘑菇的名字，
你就要先看看它的菌盖下面。
每顶小帽子底下都暗藏着线索。

有些菌盖下面长着菌褶，
这些菌褶好像小刀片，每一片都跟纸一样薄。
这种蘑菇有成千上万的兄弟姐妹，
超市里也能看到它们的同胞。

有些菌盖底下长满小刺，有些长满小洞，
就像周身布满小孔的海绵一样。

就是这些千姿百态却柔柔弱弱的菌褶，
孕育了一大堆有点像小小种子的

孢子。

蘑菇就是如此繁殖后代的。

长小刺的蘑菇

长菌褶的蘑菇

长小洞的蘑菇

有些蘑菇长在绿草丛里，
有些却喜欢跟枯树叶和烂木头待在一起，
还有些蘑菇则长在枝繁叶茂的大树身上。

有些蘑菇小小的，小到我们几乎看不见，
有些蘑菇却有棒球场那么大！

我还没博学到认识所有蘑菇，因为这世界上的蘑菇实在太多了。

真菌遍布世界各地。

有些人比我更懂蘑菇。他们是

真菌学家。

我实在称不上什么专家，
我只是个业余爱好者。
我的爱好就是盯着蘑菇看个不停。

你问我有没有证据证明我不是专家？
瞧，我给它们都画上了眼睛！

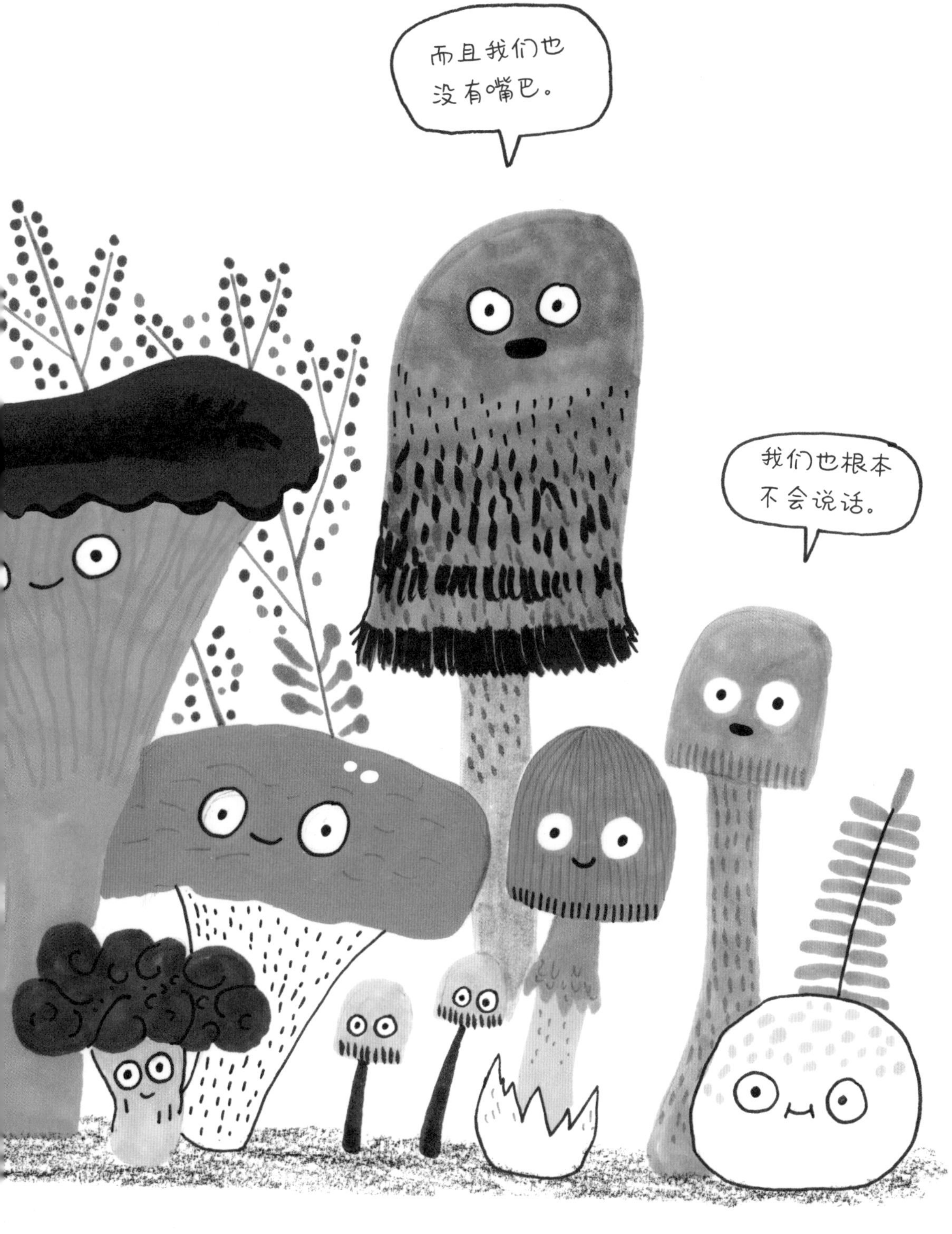
而且我们也没有嘴巴。
我们也根本不会说话。

其实，不止我一个人喜欢漫山遍野寻找蘑菇。
许多动物，特别是虫子，也非常喜欢蘑菇！
当你在树林里散步时，
你可能会遇到这些天生的"真菌学家"。

你想和我们一起去散步吗？
我会给你介绍我的几位蘑菇朋友。
不过首先，我希望你遵守这两条规则：

守护它们的
生存环境！

蘑菇和大森林中的植物都是好朋友，
有了蘑菇，植物和动物们才能好好生存。
所以，我们要轻手轻脚的，不能乱丢垃圾。
尽量不要采太多蘑菇：
给鼻涕虫和小松鼠们留一些吧！

啊，对了，你可以随时随地把你找到的蘑菇画下来，
也可以给它们拍一些照片。

绝不可以吃它们！

很多蘑菇都是有毒的。
只有专业的真菌学家才知道哪些蘑菇吃了没问题。

牛肝菌

如果你看到一个蘑菇的小帽子底下有一些小洞，
像海绵那样，那它很可能是牛肝菌。
牛肝菌有很多种类，有些非常好吃！
如果去超市，你还能买到干的牛肝菌。

有些牛肝菌，我们用手一碰它，它就会变成蓝色。
说不出的好看呢！

有些蘑菇戴着一顶黏糊糊的帽子，
好像滑溜溜的鼻涕虫。
还有些蘑菇身上长着斑点，
就像龙身上的鳞片。

虫子们都很喜欢牛肝菌，
总有成百上千只小虫子，
把这一株株可爱的小蘑菇当成自己的家。

鸡油菌

鸡油菌是我最早学会辨认的蘑菇之一。
它们长得异常美丽，全身上下都是亮橙色。
它们很怕寂寞，所以经常跟一大群朋友生活在一起。

这种蘑菇特别好辨认，它们的菌盖就像一只小喇叭。
菌盖下面的菌褶就像老年人脸上一道道的皱纹。

有一种蘑菇乍一看很像鸡油菌，但却是个大毒物。
它叫南瓜灯菌。这个名字很可爱，是不是?

这两种蘑菇有一点最大的不同，
南瓜灯菌长着刀片一样的菌褶，
而鸡油菌的菌褶像皱纹。

啊，这是羊肚菌！它们太可爱了！
它们的小帽子就像外星人凹凸不平的脑袋。

我好喜欢羊肚菌，如果让我找到羊肚菌，
我会跳来跳去，尖叫个不停。
别笑我傻哟，我真的会激动得要命。
因为我很少找到它们啊！

羊肚菌喜欢住在发生过森林大火的地方。
因为它们喜欢厚厚的灰烬。

就算把眼睛瞪得大大的，
也很难看到羊肚菌，
因为它们伪装得跟旁边的枯叶一样，
也会跟松果混在一起。
如果玩捉迷藏，
它们绝对是冠军。

羊肚菌

我女儿最喜欢的蘑菇是

多孔菌。

这些硬邦邦的蘑菇，

喜欢在树干或树根处安家，会慢慢长成巨大一丛。

我大女儿就很喜欢收集这种蘑菇。

我们曾找到过一个盘子那么大的多孔菌！

这些蘑菇非常耐寒，

就算在冬天也能活得好好的。

鹿花菌

又来了一个小家伙，
瞧，它的帽子很像凹凸不平的大脑。
它的名字叫鹿花菌。
它和羊肚菌有点像，
所以也叫"假羊肚菌"。

如果你用手摸摸它，
你会以为在摸凉凉的橡胶，
它的大菌盖是空心的!

如果我是一只小虫，
我多希望我的家就在鹿花菌的大帽子里啊!

有些蘑菇身上如果被划了一个口子，
就会流出牛奶一样的汁水。
我们把这种蘑菇叫作"乳菇"。

蓝绿乳菇非常独特，
因为它们流出的乳液是亮蓝色的。

我还没见过蓝绿乳菇，
不过我会一直一直找下去的。
我找不到，
一定是因为这种蘑菇太稀少了！

什么，你说你见过蓝绿乳菇？
你太幸运了吧！
哼哼，我已经开始嫉妒你了，
下次你去采蘑菇，
记得一定要带上我呀！

蓝绿乳菇

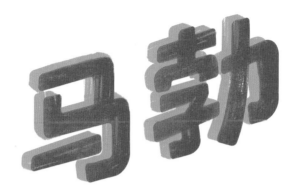

马勃是一个好玩的研究对象。

它们还是小宝宝时，全身白白净净、滑不溜丢的，

像剥了壳的水煮蛋，也有点像高尔夫球。

慢慢地，它们长大后，就完全变了样，

有些变成了黄色，有些变成了棕色，还有些变成了灰色。

接着，有趣的事发生了。

如果你不小心踩到它们，噗！

它们会猛地喷出一股烟雾，就像卡通片里的屁一样。

别害怕，这是它们在释放孢子呢。

它们还挺"礼貌"的，不是吗？

有些马勃可以长成好大一团，

像个圆滚滚的篮球。

我们叫它"大秃马勃"。

你好呀！
屁来啦！

讲到这儿，我们休息一下吧！
我画了一张我女儿噼里啪啦踩马勃的画。
太好玩了，哈哈！

啊，我记得，我的确说过不要伤害蘑菇，
但你完全不用为马勃担心。
它们喜欢你在它们身上踩踩踩！
这样它们才能把孢子释放出来，
你是在帮它们生宝宝哩。

珊瑚菌

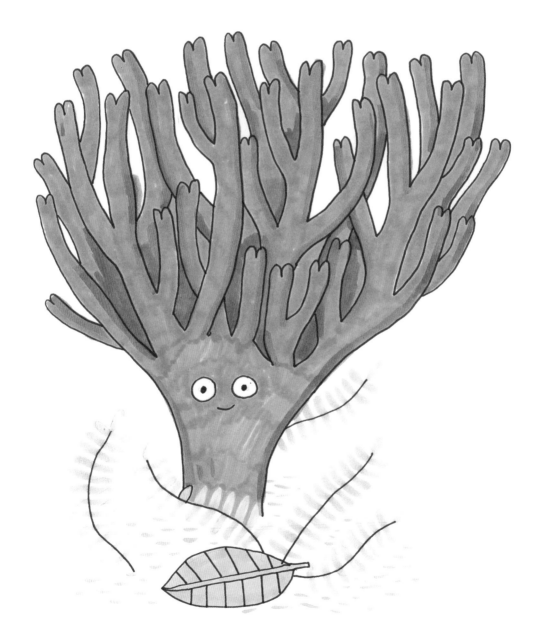

我真的好喜欢这个小家伙呀。
它的样子像海底的美妙珊瑚，
所以它才有了"珊瑚菌"这个好听的名字。

有些珊瑚菌是灰色的，有些是白色的，还有些是粉色的，
但图上这种橙色的才是我的最爱。
我还见过很大很大的珊瑚菌呢！

珊瑚菌没有菌盖，
它们头上长着好多根指向天空的"手指头"。

它们身娇体弱，
一定要轻轻柔柔地对它们哟！

毒蝇蕈

毒蝇蕈是一种美若天仙的蘑菇。
我总在森林里看到它们。
毒蝇蕈的小帽子有红色的，也有黄色的，
究竟是哪种颜色，取决于你在世界的哪个角落找到它们。

插画家（比如我）喜欢把它们画在绘本里，
因为它们长得美极了！

随着慢慢长大，鸡蛋似的毒蝇蕈变得伸展开来。

我们之所以叫它"毒蝇蕈"，是因为很久以前，
人们会把这种蘑菇压碎后掺在牛奶里驱赶苍蝇。

它们美得就像小仙子，但千万不能吃。
因为它们是

鬼笔菌

这些小家伙是"臭中之王"。
它们全身散发出狗便便的气味，
而且这股臭味非常浓烈，
有时你连它们的影子都还没看到，
这股臭味就已经钻进了你的鼻孔。

其实，它们如此臭味四溢，
完全是为了吸引苍蝇，
苍蝇可以帮这些小臭菇撒播孢子。

我在距离我家不远的公园里，
曾见过一些鬼笔菌，
相信我，你完全不会想吃这种蘑菇。

除非，你是一只喜欢闻臭味的小苍蝇。

啊啊啊，救命呀，这是毁灭天使菌！
我每次看到它，都会吓得打哆嗦。

它在"剧毒蘑菇排行榜"中占有一席之地：
吃了它可能会没命。

人们给它取了个极有威慑力的名字——毁灭天使菌。
在我眼中，它就像个白森森的幽灵。

所以，如果你遇到它，答应我，千万别碰它，好吗？

就像我在开头说的，全世界有许许多多千奇百怪的蘑菇！
我多想把每一种都讲给你们听啊，
但那就要写一本很厚很厚的书才行！

所以，我只讲一些我遇到的美丽小蘑菇吧。

快来听听它们的名字，多么富有诗意啊！
听起来就像是女巫的咒语。

淡褐色牙齿
（褐白栓齿菌）

粉红色
迪斯科
（刺丝盘革菌）

金色
肚脐眼
（黄鳞伞）

伪装者
（假桃红黄肉牛肝菌）

露珠斑点
（露伞）

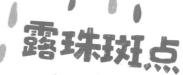

墨汁拟鬼伞
（鬼菌）

充气网帽
（退紫丝膜菌）

湿湿（粉孢革菌）
烂烂

丧钟
（纹缘盔孢伞菌）

臭虫人造卫星
（棒形线虫草）

小猫猫
（亚细环柄菇）

苦苦毒馅饼
（芥味滑锈伞）

秃头骑士
（黑白钴囊蘑）

（小孢绿杯盘菌）
绿松石精灵杯

肉桂冻
（红地锤菌）

女巫的黄油
（橙黄银耳）

小南瓜灯
（日本类脐菇）

马铃薯
土球
（大孢硬皮马勃）

乐乌
（鸟巢菌）

狮王之盾
（狮黄光柄菇）

软软干牡蛎
（榆干离褶伞）

吸血鬼克星
（蒜味小皮伞）

李子和
蛋挞
（赭红拟口蘑）

（长柄炭角菌）
恶棍女友的
丧命手指

臭怪物
（白鬼笔）

虎眼
（钹孔菌）

肘部
厚补丁
（椭圆嗜蓝孢孔菌）

大胡子奶盖
（梅尔乳菇）

阿尔弗雷德
大帝的蛋糕
（炭球菌）

烈焰红唇
（红皮
美口菌）

魔鬼的手指
（阿切氏笼头菌）

积灰的后背
（星孢寄生菇）

鼓槌松露俱乐部
（头状弯颈霉）

每当我们散步回到家里，
就会把拾到的一大堆"珍宝"放在桌子上，
然后翻开厚厚的百科全书，
开始辨认每个蘑菇姓甚名谁。

我们常常被这些小家伙难倒！
因为它们一个个长得太像了！

好啦，你有没有迷上我们的

寻宝游戏？

你还想去寻找更多蘑菇吗？

我十分笃定，你会找到许许多多跟蘑菇有关的书。
在书里，你会发现一些连我都不知道的奇迹。
图书馆里就有不计其数的好书！

哦对了，别忘了经常去树林里散散步啊。

祝你玩得开心！

蘑菇的真相

如果我还没能让你相信蘑菇有多酷的话，
请你读读下面这些：

全世界大约有30种蘑菇
能在黑暗里发光！

电子游戏《马里奥》里的超级蘑菇
是有毒的毒蝇蕈。

被闪电击中的地方，蘑菇长得比别处更好。

这种蘑菇叫"硫黄菌"，它们长在树上，吃起来简直和炸鸡一模一样。

咯咯咯咯咯嗒！

在美国的俄勒冈州，有一种很老很老的蘑菇，已经有2400岁了。它的菌丝体（蘑菇扎根地底的部分）覆盖了一大片区域，比一个足球场还大。不过，它发达的菌丝体正在摧毁数以千计的树木。

蘑菇所在真菌王国可以用来做：

面包，

啤酒，

药，

布料和羊毛的染料，

砖块，

人造皮革，

奶酪，

还有更多东西！

瞧，我们有魔法哟！

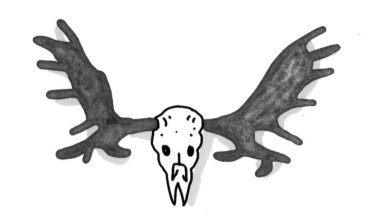

惊奇事件簿

遇到这些事时，

我们正在采蘑菇：

找到一个驼鹿头骨，吓退一条蛇，
迎面遇到一只豪猪，
发现超大一坨熊便便，
遇见一只小鹿宝宝，
一脚踩在马蜂窝上（哎哟！），
又一脚踩在毒藤丛里（哎哟哎哟！），
认识了不错的人，交到了新朋友。

采蘑菇就像一场有趣的

警惕：

毒藤

教你做一个美丽的

孢子印

"孢子印"都非常漂亮，
孢子的颜色还可以帮你识别出蘑菇的种类！

你要准备的东西：

① 一个蘑菇

② 几张纸

③ 一个玻璃杯或一个碗

（小蘑菇用玻璃杯，大蘑菇用碗。）

1.摘掉蘑菇的柄，因为你只需要用到它的菌盖。

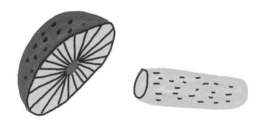

2.把蘑菇的菌盖放在一张纸上，菌褶朝下。用玻璃杯或碗盖住它。

3.把它放在里面一整晚。第二天早上，你就能看到漂亮的孢子印了。如果你什么都没看到，那可能是因为孢子和纸的颜色是一样的！你也可以像我这样，给孢子印画上眼睛、鼻子和嘴巴！

好了，奇奇怪怪的蘑菇就介绍到这里。
快来画一画，你见过的蘑菇吧！
我猜它们一定也很可爱！

我的女儿们、她们的朋友还有我跟蘑菇合影留念，
它们都是我们在无数次散步时发现的！

献给菲洛、埃米尔、阿尔伯特和莉迪，
你们是我最好的采蘑菇小伙伴。